ÉLISE ROUSSEAU

L'ÉCO-ANXIÉTÉ NE PASSERA PAS PAR MOI

CONSEILS PRATIQUES POUR UNE ÉCOLOGIE SEREINE

DELACHAUX
ET NIESTLÉ

LE LABEL YLIGA

C'est une initiative portée par plusieurs maisons d'édition, qui souhaitent faire de ce label une marque de fabrique et de traçabilité d'ouvrages édités de façon la plus respectueuse possible de l'environnement.

On ne peut pas vous promettre le « zéro déchet » ou le « zéro pollution » mais on vous propose des ouvrages plus éco-responsables. Une nouvelle manière de lire le monde grâce à nous tous, éditeurs, auteurs, imprimeurs, distributeurs, libraires, lecteurs.

Parce que le livre doit servir la planète sans l'abîmer !

- Des livres qui traitent d'environnement, de bien-être, de « bien-manger », de conscience écologique, sociale et politique, des livres pour les adultes et pour les enfants, des livres qui donnent du sens en plaçant notre planète au cœur de notre quotidien, de notre réflexion.
- **Moins de papier :** des formats d'ouvrage choisis pour leur très faible gâche de matière.
- **Un papier certifié** aux normes environnementales FSC et PEFC (des écolabels garantissant une gestion durable des forêts).
- **Moins de produits chimiques :** utilisation d'encres végétales, absence de vernis et de pelliculage issu de la pétrochimie.
- **Pas de couverture cartonnée ni de film plastique** protégeant les ouvrages.
- **Impression simultanée** des couvertures d'ouvrages de même format.
- **Impression en France** à moins de 500 km de nos entrepôts. Pas d'impression en Asie, pas de transport aérien.
- **Des process repensés :** suppression des tirages papier pour contrôler les étapes de fabrication avec le photograveur et l'imprimeur, facturation 100 % numérique, diminution des services de presse papier, une communication essentiellement numérique.

* Yliga, pourquoi ce nom ? C'est le nom, en langue moré, d'un arbre aux vertus médicinales qui vit entre le Sahara et l'Afrique tropicale et qui, comme d'autres essences, a su s'épanouir dans des conditions environnementales difficiles. Il est, pour nous, un symbole de l'adaptation nécessaire et possible, de même qu'un exemple d'exploitation vertueuse des ressources naturelles.

Petit résumé des épisodes précédents

Après de nombreuses remises en question, Cocotte, la petite poule écolo, et sa maîtresse ont adopté un mode de vie plus écolo. La pression sociale ne les touche plus : elles résistent à la surconsommation (voir *Mais pourquoi j'ai acheté tout ça ? stop à la surconsommation*) et se sont faites une maison écolo (voir *Ecocooning*). Tout n'est pas parfait, mais elles ont bien avancé et ont réussi à changer mille choses dans leur façon de vivre et de penser. Dans la maison, au jardin, elles ont mis en place tout un tas d'astuces pour un mode de vie plus sobre, plus minimaliste, moins énergivore, plus respectueux de l'environnement, et finalement plus heureux. Cependant...

LES PERSONNAGES PRINCIPAUX

À Titouf

À mes grands-pères Robert Rousseau et Claude Delamare-Deboutteville qui, il y a des décennies, alertaient déjà sur la nécessité de respecter et préserver la nature.

LA PLANÈTE VA MAL...

TOUS DÉCOURAGÉS ?

Shpock
QUOI ! ?...
T'as fait une crotte sur
la table ? ! !
Hé ! C'est pas
un perchoir pour
les poules !!
Oust !!
Mes crottes,
c'est de
l'engrais bio.
OUST !!
Tiens, voilà
un livreur !

Mais non, Cocotte, c'est le député !
Bonjour Denis, t'es en campagne électorale ?
Hé, hé, tu votes pour moi, j'espère ?
Ah non ! T'es pas assez écolo !!
Comment ça, pas assez écolo ?! Y a pas plus écolo que moi !
Mouais...
Bah, vous faites quelques efforts, mais c'est que dalle par rapport à l'urgence environnementale !
Non mais tu plaisantes ? On a voté des trucs super à l'Assemblée sur le recyclage !
Et avant de recycler, on ferait déjà mieux de produire moins de déchets !
?
Ha, ha ! Les écolos ! À les écouter, on va tous mourir ! Bah, c'est des conneries, tout ça !
Si l'écologie, c'est devoir payer des taxes en plus, non merci !
Vous feriez mieux de faire baisser nos impôts et d'augmenter le pouvoir d'achat !

Et toc !
Le pouvoir d'acheter de la merde...
Tu vois, c'est pas si simple...
Tout le monde n'a pas envie d'écologie !
Si on profite pas, d'autres profiteront à notre place !
Faut pas se leurrer !
Et moi, je crois en la croissance économique. Je crois en la science !
Ben vous semblez pas être au courant de ce que disent les scientifiques, pourtant !
Et moi je fais comment pour satisfaire tout le monde ?
Les écolos, vous passez votre temps à nous culpabiliser !
On s'en sortira toujours ! Puis à quoi ça sert de faire des efforts dans son coin si personne d'autre n'en fait ?
Hé ho, ça commence à bien faire !
Allez promener votre chien ailleurs !

Pardon mais j'en ai marre d'entendre toujours les mêmes discours inconscients !
Ça vous a pas suffi, le coronavirus ? De voir comment tout peut se casser rapidement la gueule ?
On a toutes les infos pour savoir ce qu'il faut faire, on pourrait renverser la vapeur... Eh ben non !
On n'a pas tiré les leçons, on continue de faire n'importe quoi, sur le dos de la planète et des autres peuples, juste pour que quelques-uns gagnent toujours plus d'argent !
Ah ça, c'est vrai !
C'est pas facile, vous savez...
C'est toujours les mêmes qui s'en mettent plein les poches !
...vous n'imaginez pas toutes les pressions qu'on subit, en tant que politiques...
Mais vous êtes là pour représenter qui ? Les citoyens ou les lobbies ? C'est vous qui pouvez faire changer les choses, zut à la fin !
Vous commencez à me chauffer les oreilles tous les deux ! Vous voulez que je vous dise les chiffres ?

9 millions de morts par an dans le monde à cause de la pollution ! Et tout le monde s'en fout !
13 millions d'hectares de forêt disparaissent par an ! 80 % de la forêt originelle n'existe plus !
41 % des espèces d'amphibiens, 26 % des espèces de mammifères et 1 espèce d'oiseaux sur 8 menacées d'extinction !
Des milliers d'espèces se sont éteintes durant le XXe siècle.
Les poissons sont surpêchés : on en prive les peuples qui en ont besoin pour vivre et on vide les océans !
Le réchauffement climatique fait fondre les glaciers et les pôles !
Et à cause des insecticides, les pollinisateurs disparaissent. On va faire comment, sans abeilles, pour avoir des fruits et des légumes ?
7,35 milliards d'humains sur Terre, contre seulement 1,5 milliard en 1900 !
Chaque jour, la population mondiale augmente de 240 000 personnes !
Les lapins, c'est une espèce rare à côté de vous !
Ah, faut bien du monde pour payer nos retraites !
Mais vos enfants, vous croyez qu'ils en auront une, de retraite ?
Les inégalités s'accroissent !
Mis comme ça, bout à bout, c'est un peu flippant... Mais bon, on trouvera une solution...
Mais QUELLE solution ? QUELLE solution ?
Ouh là là, elle va péter un câble !

Mais tu les connais, toi, les chiffres, Denis ! TOUS les politiques les connaissent !
Tous les journalistes les connaissent aussi ! Alors sérieusement, vous faites quoi ?
Tu pousses un peu...
Je ne me sens pas responsable de tout ça !
Ouh là là !!
Vous croyez en une croissance infinie alors qu'on vit dans un monde fini. On épuise les réserves de la Terre à toute vitesse ! On va dans le mur à cause d'une bande d'optimistes béats et, surtout, de cyniques éhontés qui ne pensent qu'à s'enrichir !
Ok, ok, je vais rajouter une ligne sur l'écologie dans mon programme...
UNE ligne ?!!
Ha, ha, elle est bien énervée, elle votera pas pour vous... Mais moi, si vous m'écoutez...

Mais regardez les infos, lisez le journal, VOUS VOYEZ PAS ?
INCENDIES EN FORÊT D'AMAZONIE
RECORD CLIMAT !
FONT DES GLACE

Pendant longtemps, les journalistes n'ont pas fait leur boulot d'information concernant l'environnement, mais ces derniers temps, ça commence à changer !
POLLUTION
CANICULE !
SÉCHERESSE EN AUSTRALIE !
Bah, les médias, ils aiment bien faire peur, c'est du catastrophisme !

80 000 hectares de terres agricoles qui disparaissent chaque année rien qu'en France ! Comment nourrir correctement et sainement la population qui augmente ?
Des milliards de kilos de déchets produits chaque jour ! Vous imaginez les pollutions que ça génère ?
2,4 milliards de smartphones, tablettes et PC vendus chaque année dans le monde !
6,8 milliards d'abonnés au téléphone mobile, qui en changent tout le temps !
61 millions de jouets vendus chaque année à Noël en France !
150 litres d'eau potable consommés en moyenne par Français et par jour !
Et toutes les inégalités économiques et sociales que ça entraîne ! On exploite les ressources des peuples plus pauvres et des générations futures !

Comment ils vont vivre, les Indiens d'Amazonie dont on pille l'environnement, la nourriture ? Et c'est le cas de plein d'autres peuples partout dans le monde !
Et nos enfants, de quel droit on les prive d'une Terre agréable ?
Tout ça pour accumuler des objets en plastique, gaspiller et *liker* des chatons sur Facebook !
Bon, ben, c'est bien beau tout ça, mais je vous laisse.
J'ai repéré des soldes sur les télés, je vais pas rater ça !
Promis, je vais faire la synthèse de ces différents points de vue...
SYNTHÈSE ?!
POINTS DE VUE ?!

LE SOIR...
Je me sens totalement découragée...
Les hommes politiques sont tellement stupides, c'est pas possible !
C'est pas un problème d'intelligence. C'est qu'ils ont d'autres impératifs: entre les lobbies et leurs vues électoralistes à court terme... En fait, ils sont irresponsables !
T'as raison. Même les enfants sont beaucoup plus concernés : ils s'inquiètent pour leur avenir, à long terme !
Pour être politicien, faut pas être trop sensible. On se demande même, parfois, si certains sont encore capables de ressentir quelque chose d'autre... que leur combat pour la prochaine élection. En fait, ils minimisent le problème...

Oui mais quand même... Il ne s'agit pas que de sensibilité, de déni... À un moment donné, faut arrêter de psychologiser le truc. Nous, les humains, si on en est là, c'est qu'on est juste cons, c'est tout !
Oui... Ou suicidaires...
Mais si l'espèce était suicidaire, pourquoi elle ferait autant d'enfants, alors ? On fait des enfants, on dit qu'on les adore, et on leur construit le pire avenir qui soit ! C'est quoi, la logique ?
C'est comme si toi, tu allais faire ton nid et couver tes œufs direct dans la poêle à frire, quoi !
Ils en penseraient quoi, tes poussins, d'éclore dans une poêle ?
Les humains sont complètement idiots, je te dis !
Du point de vue des animaux, je dirais plutôt qu'ils sont... mégalos, fous et dangereux !
C'est pire...

Que faire de plus, Cocotte ?
On a fait de notre mieux pour mener la vie la plus respectueuse possible de l'environnement. Moins de consommation, une nourriture bio et locale, etc.
Mais regarde dans quel enfer est le monde !
Globalement, tout empire... l'Amazonie flambe, les glaciers fondent, tous les indicateurs sont au rouge, mais les dirigeants et les industriels s'en contrefichent ! Et la plupart des gens de notre entourage aussi ! Comment agir sur un modèle économique partagé par quasi toute la planète ? Comment réorienter ce capitalisme ultralibéral sauvage qui se fout de tout sauf de ses bénéfices ? Comment lutter contre la concurrence féroce qui aboutit à l'exploitation de l'homme ?
ET L'EXPLOITATION DES ANIMAUX !
ET CELLE DE LA NATURE !

Et j'ai l'impression que personne ne pense aux pays en développement, pour qui c'est la double peine : économique et environnementale !
On ne parle d'eux que parce qu'ils vont devoir émigrer chez nous pour échapper à la chaleur suffocante, aux pénuries d'eau et de nourriture...
C'est juste parce que ça nous fait peur et que ça va être un problème pour nous qu'on en parle dans les journaux !
On leur reproche de vouloir à leur tour consommer et adopter notre modèle économique à la con !
Mais faire des efforts pour qu'ils puissent continuer à vivre chez eux, ça, ça n'intéresse personne !
PUITS VIDE

Tu vois, Cocotte, j'ai un sentiment d'impuissance.
Ben qu'est-ce que tu dirais si t'étais une poule !
On essaie d'agir à notre niveau... On pourrait faire encore mieux, c'est vrai. Personnellement, j'ai déjà beaucoup évolué...
Il faut des catastrophes visibles qui affolent les médias, comme le coronavirus, pour que les politiques se remuent...
C'est vrai que quand ils veulent trouver les moyens, ils les trouvent !
Sinon rien ne bouge ! L'environnement, c'est jamais la priorité !
Il a raison, le vieux de tout à l'heure, au fond : si on est juste quelques-uns à faire des efforts, ça sert à quoi ?
Y a quand même de plus en plus de gens qui changent leur façon de vivre, non ? Ça fait boule de neige.

Mais c'est TROP LENT !
Pourquoi on attend tout le temps qu'il soit trop tard pour agir ?
Notre consommation influence-t-elle tant que ça les grands groupes industriels ?
Mais oui ! Tu le sais bien ! Regarde : avant, le bio, c'était sujet à rigolade !
BIO
Et puis sous l'influence des consommateurs, ça a carrément changé !
Mais regarde Cocotte... Il y a de moins en moins d'oiseaux... J'ai pas envie de vivre dans un monde sans hirondelles, moi !
C'est difficile de supporter la disparition de la beauté... Avant, dans le Sud, on pouvait observer de féeriques ballets de lucioles, la nuit. Maintenant, elles disparaissent à cause des pesticides et de l'éclairage nocturne...
Ouais, puis y a aussi de moins en moins de vers de terre à picorer...

DE L'EFFONDREMENT
À MON EFFONDREMENT...

AU FINAL,
C'EST MOI QUI COLLAPSE !!

QUELQUES JOURS PLUS TARD
D'où tu viens ?
De la ferme bio !
Je suis allée chercher du lait frais entier...
SKOLSTREJK FÖR KLIMATET
Pour montrer à ma filleule comment faire les yaourts maison. Elle a 14 ans, c'est une fan de Greta Thunberg !
Toc Toc
Tiens, c'est elle qui arrive !
Bonjour Marraine !
Bonjour ma chou-choute !
Regarde, je vais t'apprendre à faire des yaourts avec une vieille yaourtière à l'ancienne, trouvée dans un vide-greniers. Sans électricité !
LAIT
LAIT
YAOURTIÈRE
Fais bouillir le lait, puis éteins. Attends 14mn et 30s que ça refroidisse un peu...
Mélange avec un yaourt nature entier, et mets le tout très vite dans des pots puis dans la yaourtière.
YAOURT
YAOURT
YAOURT
Laisse prendre environ 8 heures dans un endroit plutôt chaud de la maison. Facile !
C'est bien beau de faire ses yaourts et d'économiser six pots de plastique...
... mais est-ce que ça peut vraiment sauver la planète ?

Ben si chacun, à son échelle, fait plein de petits gestes, c'est déjà ça...
C'EST PAS SUFFISANT ! Les adultes n'écoutent rien ! Regarde Greta Thunberg, elle a été obligée de faire la grève de l'école pour qu'on l'entende !
Et depuis le temps qu'elle alerte, finalement, qu'est-ce qui change ?
Pourquoi les adultes ne font rien ?
Pourquoi ? Puisque vous savez !
Je comprends ta colère, on dirait moi l'autre jour avec le député...
Mais c'est pas vrai qu'on ne fait rien. Depuis des décennies, une petite partie de la population essaie d'alerter. Mais on n'est pas puissant : personne ne nous écoute.
Faut vous fâcher plus que ça ! Manifester, bloquer les routes !
Tous les adultes sont dans la rue dès qu'on touche à leurs impôts, ou prêts à se confiner si leur santé est menacée. Mais les générations qui suivent, tout le monde s'en fout !
Hé oh, vous les jeunes, entre le numérique et le reste, vous sur-consommez bien aussi !

BOUH !
Oh !
L'avenir t'inquiète tant que ça ?
Bouhou oui...
Toc toc
Salut les filles !
Qu'est-ce qui se passe ?
Tiens, voilà Nono !
On est un peu découragées à cause des problèmes écologiques...
Entre les vieux qui ne veulent rien changer et les jeunes qui pensent que c'est trop tard...
Oh ben, ils ont raison, c'est trop tard !
Moi, j'ai viré collapsologue
Collapso-quoi ?
Collapsologue, ou effondriste, des verbes « collapser », « s' effondrer ».
On pense, en se basant sur des centaines de milliers d'études de scientifiques, comme celles du GIEC, que notre société va s'effondrer.
On va dans le mur. C'est foutu !
Puis, y a qu'à voir, avec le confinement du coronavirus, comme en peu de temps la société peut vite être déstabilisée.
MUR
Ah bon ?
Alors quoi ? Ça veut dire qu'il faut baisser les bras ?!

Non, on continue de vivre selon nos valeurs et de faire au mieux. Mais sans se leurrer...
Soyons honnêtes, quand tu réfléchis deux secondes, tu vois bien que c'est plié !
Regarde sur internet la vidéo d'Arthur Keller et ses graphiques : y a pas 36 scénarios possibles...
Du fait de notre croissance trop rapide, la chute de la biodiversité est violente, le réchauffement climatique s'est emballé, et notre capacité à réagir trop lente. Donc voilà, c'est terminé !
MODÈLES DE CROISSANCE
1
2
3
4
Cot cot ! Ça concerne les poules aussi ?
Ah bah franchement, on essaie de se remonter le moral avec nos yaourts, et toi tu nous annonces la fin du monde !
Merci Nono de nous déprimer encore plus !
Ben désolé de dire la vérité !
Tu peux pas dire des choses pareilles devant une jeune fille, quel avenir pour elle ?
C'est pas te mentir, mais qui connaît avec exactitude l'avenir ? NI NONO, NI MOI !
Et pourquoi me mentir ?
On n'en sait rien en fait... Si ça se trouve, le supervolcan de Yellowstone va se réveiller demain et boum ! Et ce sera ça, la fin du monde !

BOUM !
YELLOWSTONE
Ben dis donc, t'es vachement plus positive, toi !
Ha ha ha ha ha ha !
C'est vrai... mais que faire ?
Pour l'environnement et l'humanité, ce sera catastrophique si on ne se réveille pas maintenant. J'ai peur que ça finisse en guerres, en massacres...
Euh... Y a pas un peu d'espoir ?

L'humanité va peut-être nous surprendre en bien ?
Ben regarde l'histoire... Toute civilisation est vouée à l'effondrement.
Tout n'est pas tout noir dans l'humanité. Il y a eu l'invention de la démocratie, le siècle des Lumières...
Toutes les avancées sociales, psychologiques, même si c'est loin d'être parfait...
LE SIÈCLE DES LUMIÈRES
VOLTAIRE
DIDEROT
ROUSSEAU
Et si notre civilisation s'effondrait et se transformait en autre chose de mieux, ce serait peut-être une bonne nouvelle, non ?
Je suis d'accord vec toi, ce n'est sans doute pas la fin de l'humanité...
Juste la fin d'une civilisation. Mais pourquoi irait-on vers du mieux ?
Ce sera peut-être un retour en arrière, vers du pire, du chaos...
Et la biodiversité qu'on a perdue, elle ne reviendra jamais...
Adieu Dodo Adieu Grand Pingouin... Et tous les autres disparus !

C'est sûr, en cas de problème, vous allez me faire rôtir en premier !
BOUHOUHOU !
AU SECOURS !

ADIEU COCOTTE ! PAIX À SA CRÊTE !
AU SECOURS !

Ze vais mourir ! Ze meurs, ze meurs...
?
Qu'est-ce qui lui arrive, à cette poule ?
Calme-toi, Cocotte ! Bien sûr que non, on va pas te manger en nuggets !
Menteurs !!!
Suis végétarienne !
Je mange pa
les animaux
que je conna
Pas moi, juré !
Je vous crois pas ! Si c'est la fin du monde, vous allez faire de la poule au pot !!
Déjà que je l'ai échappé belle pendant le coronavirus !
Han han, me sens pas bien...
J'ai le cœur qui bat à toute vitesse... Suis en train de mourir !
Elle fait une crise de panique !
Ça peut faire une crise de paniqu une poule ?
Ben, faut croire que oui !
Voilà le résultat, Nono, à force de faire flipper tout le monde !
Ça va être de ma faute !
Ça va mieux, Cocotte ?
Boum
Boum
Boum
Boum

Un p'tit peu mais pas beaucoup...
Elle a le cœur qui bat à toute vitesse ! Faut qu'on trouve un psy ! Elle est tétanisée !
Boum Boum
Boum Boum
Un psy pour une poule ?!

Allô ? Oui ?
J'aurais besoin d'une consultation, c'est assez urgent... oui... En fait euh, c'est pour une poule...
Je collapse, je collapse...
Oui, elle est en panique, on n'arrive pas à la calmer... Oui, une poule ! Mais non, je ne me moque pas de vous, enfin !
Nan mais si les psys reçoivent pas les angoissés, alors qui les reçoit, hein ?! C'est scandaleux !

Bon ben moi je rentre à la maison...
Je ne me sens pas très bien non plus...
N'oublie pas de prendre tes yaourts !
Non pardon, je parlais à ma filleule.
Mais non, pas à ma poule !
Ah non, les yaourts, ça colle au bec !
... Ça ne mange pas de yaourts, les poules !
Je comprends pas, il a raccroché...
?
Bip Bip
Bip
Y a personne qui va vouloir nous recevoir... Faudrait peut-être plutôt aller voir un véto ?
Bouhouhou !
On va tous collapser et vous allez me faire rissoler !

C'est malin !
Ça sert à quoi, toute cette anxiété ? Regarde le résultat !
Elle a vraiment l'air fâché, mieux vaut acquiescer et se faire super discret...
Ras-le-bol des prophètes de malheur !
Puis écoute, je suis archi-consciente de tous ces problèmes, je fais déjà tout ce que je peux...
De façon imparfaite, certes, mais j'ai déjà énormément évolué écologiquement.
Z'étouffe !
Mais tu comprends, Nono, je me remets aussi à mon échelle individuelle, pour me préserver : je n'ai qu'UNE vie...

J'ai pas envie de me faire pourrir l'existence à cause de tous ces abrutis qui saccagent la planète...
Argh...
Et de vivre dans une anxiété continuelle à cause d'eux...
Donc on va chercher des solutions... NOS SOLUTIONS !
Cette situation, on la subit, mais on peut décider de comment on veut la vivre !
Car ok, même dans le « pire » scénario, on fait quoi ? On réagit comment ? On ne va pas se pendre non plus, même si la corde est en coton bio !!
PSY

PSY
Puis faut quand même se rappeler qu'on est hyper privilégiés par rapport à ce que vivent d'autres peuples, qui subissent des famines sévères, des guerres, des dictatures...
Nous, on peut se préoccuper de l'avenir, mais beaucoup se préoccupent surtout de leur présent, de leur survie immédiate !
Oui mais bon, c'est pas parce que le présent de certains est pourri qu'il ne faut pas s'occuper de l'avenir de tous !
C'est pas parce qu'il existe des poulets de batterie que moi, je ne risque pas de finir aussi à la casserole !
Ahhhhh...

Elle n'a pas tort. Au final, qui que l'on soit et quelle que soit notre vie, on est tous dans la même galère...
Tous sur la même petite planète...
Les riches, les pauvres... Pour tous, la nature disparaît à jamais !
Poule au pot, poulet au curry, blanquette de poule, poulet-frites...
GRRRR ! Mais tais-toi à la fin !
PSY
Bon, Cocotte, à ton tour de parler ! Tu vas expliquer tout ça au psy !
Driiiiiing !!!

DES SOLUTIONS ?

QUELLES SOLUTIONS ?!

CHEZ LE PSY
Oh la la, merci de nous recevoir... J'ai bien cru qu'on ne trouverait personne !
Bah, j'aime bien les animaux...
On aura tout vu !
Voilà, c'est cette petite poule.
Elle ne va pas bien du tout.
Elle est très paniquée à l'idée que le monde s'effondre à cause des problèmes environnementaux, et qu'on soit contraints de la manger.
C'est ce que vous allez faire !!
Hum... Et comment elle s'appelle, cette petite poule ?
Cocotte !
Hum... Je pense qu'elle souffre d'éco-anxiété. C'est de plus en plus répandu...
Éco-anxiété ?

Éco-anxiété, oui. Il s'agit d'une anxiété d'anticipation liée aux problèmes environnementaux... On a peur de l'avenir. On parle aussi de solastalgie quand les destructions environnementales ont déjà eu lieu : il y a alors une part de nostalgie vis-à-vis d'une nature qui était familière, mais qu'on ne reverra plus car elle est détruite. Dans ce cas-là, on regrette le passé.
J'ai de plus en plus de patients qui ont ce problème. Ce n'est pas une maladie psychique, mais une souffrance collective légitime. C'est un fort stress, lié à une prise de conscience qui se conjugue à un sentiment d'impuissance. On a peur pour son avenir ou celui de ses proches...
L'éco-anxiété va sûrement s'aggraver et se propager de plus en plus, dans les années qui viennent... Des études montrent que ceux qui sont touchés sont d'abord ceux qui sont conscients du problème : les gens très rationnels, bien informés. Les scientifiques qui étudient le réchauffement climatique et les naturalistes qui observent la nature tous les jours, par exemple...

Vous croyez pas que les gens sensibles sont plus vite touchés que les autres parce qu'ils sont empathiques envers la planète, les générations futures, les autres peuples, les animaux ?
Possible. Et chez les anxieux en général, les infos sur les destructions de la nature sont aussi plus angoissantes.
Selon les personnalités, ça peut appuyer sur certaines fragilités. Certains vont réagir par le déni, d'autres par la colère, l'angoisse, ou par des formes de dépression…
?
C'est sûr que si on a déjà des soucis dans la vie, prendre conscience de la situation environnementale actuelle, ça peut ajouter une sacrée couche…
Zéééé peur !

Mais est-ce que c'est vraiment un nouveau type d'anxiété qui apparaît ? Car la peur de la fin du monde est une peur originelle de l'homme, non ?
Les Gaulois avaient peur que le ciel leur « tombe sur la tête »...
Et lors du passage à l'an 2000, il y a eu des mouvements de gens qui attendaient la fin du monde...
Je me suis renseignée, rien qu'au cours du XIXe siècle, la fin du monde a été annoncée des dizaines de fois, et il ne s'est rien passé. Même lors du confinement contre le coronavirus, les réactions ont parfois été aussi violentes que s'il s'était agi d'une peste fatale pour tous !
C'est vrai que la notion de fin du monde, de fin des temps, existe depuis toujours. C'est lié à notre condition humaine, à notre propre finitude.
Au fond, l'être humain n'a-t-il pas toujours besoin de se faire peur ? Ça renvoie aussi à la peur de mourir, non ? Depuis l'enfance, nous avons tous plus ou moins entendu parler des « prophéties » anciennes, l'Apocalypse de la Bible, les prédictions de Nostradamus...
C'est ancré dans l'inconscient collectif.
Et tout cela ressurgit !

Bouhou bouh !
C'est l'Apocalypse !

La différence, c'est que là, pour la première fois, il y a destruction réelle d'une partie de notre propre habitat à l'échelle mondiale. Et nous en sommes les seuls responsables.
Chez l'homme, il y a la rage de détruire, c'est vrai, mais aussi l'envie de bâtir, de reconstruire, de réparer...
Il faut souligner que nous avons aussi tendance à projeter sur le monde extérieur notre propre état intérieur...
Si on n'est soi-même pas bien, on va avoir plus facilement tendance à tout voir en noir.
Ainsi, l'éco-anxiété peut réveiller des mal-être qui étaient prêts à éclore !
Vous comprenez ?

Oui, c'est un peu un cercle vicieux...
Mais qui peut tous nous toucher, car ça s'appuie sur un problème concret.
La destruction de la planète, c'est réel.
Chacun peut l'observer dans son quotidien.
Plus de béton...
Plus de pollution...
Moins d'insectes...
Moins d'oiseaux...
BIODIVERSITÉ
MILIEUX
Moi, c'est le sentiment de parler dans le vide...
...le fait que certains nient le problème...
...qui me rend dingue !
Mais ma petite poule, alors ? Comment l'aider ? Tu veux pas parler directement au psy, Cocotte ?
Bot bot

Le problème écologique touche des choses profondes en chacun de nous...
...réveille des peurs et des stratégies de fuite ou d'adaptation.
Est-ce qu'elle a eu des soucis, cette poulette, ces derniers temps ?
Cocotte, fais pas ta timide !
Boooot
Bon, oui, je crois qu'elle a été très déçue par le coq du voisin.
Il faisait le joli cœur avec elle, mais il ne lui avait jamais dit qu'il avait une autre poule...
Booot ?
Elle a un peu perdu l'appétit.
Ah non, je veux plus entendre parler de celui-là !
Puis elle a écouté toutes nos discussions sur les problèmes environnementaux.
Nia !
Ça n'a sans doute pas arrangé les choses...

Hummm...
Vous avez pensé à lui acheter un coq ?
Sûrement pas ! Je ne veux plus entendre parler de coqs !
Un encore plus beau, encore plus fort ?
Ah, c'est pas bête ! Ça lui changerait les idées...
Un qui rabatte le caquet au coq du voisin ?
Tiens, je lui trouve l'œil plus vif, d'un coup ! Vous auriez fait un bon véto en fait !
On va essayer ça pour Cocotte.
Et pour moi ?
Parce qu'il va bien falloir accepter en partie cette nouvelle forme d'inquiétude dans notre quotidien. Comment vivre avec ?

La première chose, c'est se dire qu'on n'est pas tout seul à ressentir cela.
Bla bla bla bla bla...
On peut en parler autour de soi. Partager une inquiétude, ça peut aider à l'atténuer, à s'en extraire : ça sort de la sphère intime.
Un gros coq alors, avec une belle crête...
Car il est évident que nous sommes nombreux, chacun à notre niveau, à être en proie à l'éco-anxiété.
Areuh !
Nous avons tous envie de léguer un monde préservé à nos enfants.
Il faut prendre conscience du fait qu'il existe des moyens d'agir, à l'échelle individuelle comme à l'échelle collective. Et que l'entraide peut s'organiser.
C'est vrai. Être dans l'action, ça me donne l'impression d'être cohérente.
Éviter la surconsommation, avoir un habitat plus écolo, organiser des covoiturages,
prendre un bureau en coworking...
Un coq bio, et qui chante très fort !
BIO
Coco ricooooOOO !

On peut aussi s'inscrire dans des démarches de groupe : associations de protection de la nature, groupements de consommateurs...
...ramassage des déchets, etc.
À chacun de créer ce qui lui correspond, ce qui l'aide à se sentir utile, à trouver du sens, à aller mieux.
Il existe plein de solutions pour ne pas rester paralysé par l'angoisse. Dans « éco-anxiété », il y a « anxiété ». Et l'anxiété, ça se soigne !
Après, j'insiste : ceux pour qui c'est trop dur à supporter, il est important de ne pas minimiser, il faut se faire aider, en parler à son médecin, à un psy.
Il existe des thérapies très efficaces pour les anxieux et les personnes déprimées. Il ne faut pas rester seul dans son coin si on sent qu'on va mal !

Et pour la vie quotidienne, vous avez des trucs pour vivre ça de façon un peu plus détendue ?
Oh, il y en a plein !
Mais globalement, on peut dire que vivre en adéquation avec ses valeurs est une bonne façon de se sentir en cohésion avec soi-même, ce qui est un sentiment très bénéfique. Si vous avez peur pour la planète, ayez une vie plus écolo ! Militez ! Vous vous sentirez davantage dans l'action.
BÉNÉVOLE
MILITANT
ACTION
MANIF
DON
CARTE D'ADHÉRENT
PÉTITION
Après, il y a les conseils qu'on peut donner pour n'importe quel problème anxieux :
Mal de dos
Pour commencer, il faut prendre conscience de cette anxiété, ne pas la nier. C'est un premier pas pour aller mieux.
Être à l'écoute de ce que l'on ressent, de ce que le corps exprime aussi (gorge serrée, etc.).
Gros anxieux
Mâchoire crispée
Palpitations

Ensuite, parlez à des proches bienveillants. Sortir, voir ses amis, ne pas se replier sur soi, c'est important.
Miam !
À chacun de trouver ce qui lui convient ! Pour l'un, c'est faire la cuisine, pour l'autre, c'est s'occuper d'un animal de compagnie.
Les loisirs créatifs sont aussi une autre façon de libérer ses émotions et de se sentir bien.
Il y a aussi des sports qui relaxent : piscine,
yoga,
marche à pied...
Ou n'importe quel sport où l'on s'amuse.
Le sport en général est bénéfique pour le moral. Pensez aussi aux exercices de respiration lente, très efficaces pour se détendre.
Soyez à l'écoute de vous-mêmes, et inventifs avec la vie !
Merci !
Puis dites-vous que si vous prenez soin de vous pour aller mieux, ça vous donnera plus d'énergie pour essayer de contribuer à préserver la planète à votre échelle ! Ce sera positif pour tout le monde !

QUELQUES CHEMINS À EXPLORER

QUELQUES JOURS APRÈS
Cocotte va mieux ?
Oui, elle fait du yoga...
Et je vais lui acheter un coq.
Un gros !
Et toi, tu vas mieux ?
Bof...
Moi, j'ai décidé de lutter contre la morosité ambiante !
Et comme nous l'a expliqué le psy, il faut commencer par prendre soin de soi.
La première chose, c'est respecter son corps.
Une bonne alimentation, une bonne hydratation...
Zzzz
Zzzz
Du sport et bien dormir, ça aide !
Je vois pas le rapport avec l'environnement !
C'est pour aborder plus sereinement la vie malgré la situation.
Ok, mais c'est pas facile de rester joyeux quand on pense à tout ça...
Au contraire, c'est quand tout fout le camp qu'il faut conserver son sens de l'humour !

Plein de choses peuvent aider quand on a un coup de cafard environnemental...
Méditer, chanter, écouter de la musique, danser...
Le psy dit que ce qui est important, c'est de repérer les pensées catastrophes, car parfois l'esprit s'emballe et imagine le pire.
Et si le renard me mangeait ?
Miam miam
On a souvent tendance à davantage se fixer sur le négatif que sur le positif.
Mais non, j'ai un perchoir bien en hauteur !
Ça n'est pas parce que beaucoup de choses vont mal que tout va mal, il faut aussi penser aux choses positives !
C'est vrai que quand on me dit un truc blessant, je suis peinée longtemps...
Alors que les compliments, je les oublie vite...
C'est typique ! Il faut vraiment donner plus d'importance au positif, dans la vie en général et pour les questions environnementales en particulier.
Par exemple, tous les soirs, tu peux noter 3 pensées positives dans un petit carnet. Les jolies choses qui sont arrivées dans ta journée.
CARNET DE PENSÉES POSITIVES
1.
2.
3.
Et pareil pour l'environnement : pense aux choses qui progressent, aux bonnes nouvelles ! Une nouvelle loi, ta mémé qui se met à manger bio, une mairie qui devient écolo, etc.

« Sous les pavés la plage, sous le sable le ciment... »
Hé ! C'est pas du yoga, ça !
« S'étend Plus loin que l'horizon... J'avance sans savoir ce qui m'attend... »
Ha ha, elle est à fond, la poule !
À chaque fois qu'elle écoute cette chanson d'Izïa Higelin, ça la met dans tous ses états !

« On voit la fin du monde passer sur des photos, On va tous y rester alors autant que ce soit beau ! »
Pourtant c'est une chanson effondriste... Mais ça la met en transe !
« Mais faut pas que j'désespère, non, il reste des choses à faire ! Y a tout qui reste à faire ! Y a tout qui reste à faire ! »
« Mais faut pas que j'désespère, non, il reste des choses à faire ! Y a tout qui reste à faire ! Y a tout qui reste à faire ! »

Ha ha, c'est vrai que danser, ça fait du bien !
Il ne s'agit pas de minimiser le problème environnemental, mais juste de déstresser quand ça nous envahit trop !
On a tous des ressources, un cheminement, des rencontres, de la créativité, des engagements collectifs...
Puis on est plus fort pour agir si on a la patate !
Car c'est ça, la vraie solution L'ACTION !
Tu te moques un peu de mes yaourts, mais moi, c'est ce genre de petites choses qui m'aident. Agir au quotidien. Être cohérente avec mes idées. Si chacun faisait plein d'actions écolos, le monde changerait !
En plus, tu vois, lors du confinement du coronavirus, j'étais zen je savais faire mon pain, ma soupe d'orties, je me sentais en partie autonome !

- **moins consommer,** réfléchir à ses achats, privilégier le durable et ne jamais oublier le pouvoir qu'on a avec notre porte-monnaie pour orienter la consommation vers un monde plus écolo, plus éthique

- faire des **cadeaux immatériels** (places de concert, bon resto, stage de sport, etc.)

- aller plus souvent dans les vide-greniers, les friperies, **recycler ou troquer** les objets ou les vêtements

- apprendre à **bricoler**, à **réparer** les objets

- **manger davantage bio, local**, en vrac

- prendre le temps de **cuisiner plus de produits frais et de saison,** miam !

- **faire ses yaourts, ha, ha !**

- si on a des travaux à faire, **penser à l'écoconstruction**

- **faire le ménage de façon plus écolo** (avec du bicarbonate de soude, du vinaigre blanc...)

- **fabriquer certains produits de beauté maison** ou acheter des certifiés bio

- à la maison, faire attention à **économiser l'électricité** (par exemple mettre des interrupteurs pour ne pas laisser les appareils en veille), l'énergie, l'eau...

- bien **trier ses déchets**, faire un compost quand on le peut...

Et on peut ajouter plein de choses à cette liste ! À chacun de trouver ce qui lui plaît et l'amuse !
T'en penses quoi ?
Cocotte a raison, y a plein d'idées pour s'amuser en fait...
Moi, dans mon jardin, j'ai envie de planter un verger, de faire une prairie fleurie, une petite mare... C'est le genre de trucs concrets pour la biodiversité qui me font du bien...
Après, faut être lucide : ce qu'on fait individuellement, ça ne changera pas le monde si on est seul à le faire. Il faut surtout y trouver du bonheur, et ne pas s'en vouloir si on n'arrive pas à être un parfait écolo.
L'écologie, finalement, c'est avant tout du plaisir !
GRAINES BIO
Oui... c'est pas grave si on n'est pas parfait...
Comme on dit, l'important, c'est de participer !

Participer, ça passe aussi par l'action collective...
Ça peut faire bouger les choses, contribuer à faire évoluer le système...
Comme faire du bénévolat ! Des manifs ! Adhérer à des assos !
CHAÎNE HUMAINE POUR LE CLIMAT
Et il y a aussi l'aide humanitaire : soutenir les populations les plus touchées par le réchauffement climatique ou la destruction de leur habitat...
Lutter pour que les plus riches arrêtent d'exploiter leurs ressources.
Et vous pensez quoi des survivalistes ? Les gens qui se préparent au pire en apprenant des techniques de survie ?
Bof, si tout part vraiment en cacahuète, je suis pas sûre que ça serve à grand-chose !
Mieux vaut mettre son énergie à essayer d'aller vers une société beaucoup plus écolo !
L'action collective, ça n'est pas que les associations. Il y a aussi la politique : voter, alerter les élus, lutter contre les lobbies...
A voté !

C'est vrai que tout ça, ça aide vraiment à se sentir mieux ! Moi, c'est décidé : avec d'autres poules, je vais créer une association pour la préservation des vers de terre !
Parce que l'agriculture industrielle abîme les sols et détruit les vers de terre qui rendent les sols fertiles ! Et puis la vie sans vers de terre à manger, pour une poule, ça n'a pas de sens !

Finalement, c'est beaucoup moins angoissant d'être dans l'action et de changer les choses à son échelle que de faire l'autruche en se cachant dans son trou ! Surtout s'il n'y a pas de vers de terre !

Eh ben ! On vous a vues danser, vous vous amusez bien !
J'ai invité Nono et un ami prof de philosophie à venir manger un far breton !
Miam !
On a décidé de lutter contre l'éco-anxiété. Et on a besoin de l'avis d'un philosophe !
Ah ! Pour une fois que ça intéresse quelqu'un !
La philosophie peut-elle vraiment aider face à l'éco-anxiété ?
C'est le prochain sujet du bac ?
La philosophie, c'est l'amour de la sagesse. Et la sagesse, ça aide...
Seulement, Socrate lui-même ne serait-il pas éco-anxieux par les temps qui courent ?
On peut se le demander...
Mais est-il sage de lutter contre l'éco-anxiété ? N'est-elle pas nécessaire à un réveil collectif ?
Z'en veux !
Miam !
Il est évident que l'anxiété, voire la colère, sont des moteurs qui permettent de chercher des solutions. La peur nous sauvera peut-être !

Pourquoi certains sont-ils conscients de ce problème et anxieux, et d'autres non ?
En fait, ce n'est pas qu'une question de personnalité : un individu va aussi réagir aux problèmes environnementaux selon ses propres croyances...
Par exemple, il y en a qui s'imaginent qu'on va bientôt conquérir l'espace et que ça réglera tout ! Comme s'il y avait d'autres Terres habitables un peu partout, disponibles, qui n'attendraient que nous !
On a trop regardé *Star Wars* !... Déjà qu'aller sur la Lune, ce n'est pas simple ! Et quand bien même on y arriverait : après avoir détruit la Terre, on détruira une autre planète ?
La Terre est une merveille absolue à l'échelle de l'Univers, et les humains ne sont pas surpuissants. Mais encore faut-il qu'ils s'en rendent compte !

Ce n'est pas un hasard si l'éco-anxiété touche davantage les scientifiques qui travaillent sur le sujet.
BIODIVERSITÉ
RÉCHAUFFEMENT CLIMATIQUE
POLLUTIONS
CHERCHEURS
Bien sûr, ils sont davantage informés, mais il y a aussi le fait que leurs croyances sont dominées par la Science et la Raison : beaucoup sont athées, pensent qu'on n'a qu'une vie et que l'homme est maître de son destin.
Mais c'est loin d'être le cas de tout le monde. La majorité des humains croient à une religion. Certains pensent qu'on n'est que de passage, d'autres qu'on se réincarne, que la vraie vie arrive après la mort... Que cette Terre est juste un lieu d'épreuves...
Alors selon ses croyances, on ne va donc pas ressentir de la même façon la destruction de la biodiversité ? C'est pour ça que, souvent, ça tourne au dialogue de sourds ? À cause de nos différences de croyances ?

En partie, certainement ! Tous les humains ne perçoivent pas les choses de la même façon. Par exemple, si l'on pense que l'homme doit dominer la nature, qu'il est supérieur aux animaux, comme c'est le cas couramment dans la pensée occidentale...
...on n'aura pas la même vision du monde qu'un animiste, qui vit en lien étroit avec la nature, la craint et la respecte, ou qu'un bouddhiste, qui estime qu'on ne doit pas faire souffrir les animaux, ni la nature en général...
Ce que l'on croit façonne aussi nos choix, y compris les décisions politiques.
Puis il y a aussi ce que l'on vit. Pour pousser à l'extrême, un riche New-Yorkais qui vit en ville avec l'accès à tout le bien-être qu'il désire n'aura absolument pas le même sentiment d'urgence environnementale qu'un Indien d'Amazonie confronté quotidiennement à la destruction de son habitat.
Malheureusement, chacun voit midi à sa porte...

Mais puisque nos croyances sont différentes, puisqu'on ne raisonne pas de la même façon et qu'on n'a pas tous les mêmes intérêts, est-ce que cela rend impossible l'émergence d'une prise de conscience mondiale ?
Elle émerge en partie, heureusement. Je crois que la plupart des humains ne sont pas dupes...
Et que tout le monde sur la Terre, des Inuits aux Mongols, a conscience que de grandes entreprises s'enrichissent avec le saccage de la planète.
Quelle attitude philosophique adopter, alors, face à la crise environnementale ?
Le stoïcisme ! Lutter, mais avec détachement !
Pourquoi pas...
Hééé
Il est sûr que les stoïciens condamneraient la société de surconsommation, puisque pour eux, le plaisir n'est pas à rechercher.
Mais c'est dans la nature humaine de chercher le plaisir...

Chacun peut trouver le philosophe qui l'inspire : il y en a tant ! Pour ma part, pour lutter au quotidien contre ce mal-être global...
... j'ai un petit faible pour l'épicurisme : chercher les petits bonheurs, mais avec mesure.
L'épicurisme apprend à profiter de la vie avec bon sens, équilibre et sobriété. Trois choses dont manquent nos sociétés excessives et gaspilleuses.
Épicure prône une existence de modération, d'humilité, et de respect des autres, qui apporte une paix intérieure.
Tiens, un p'tit bonheur !
Gloups
En soi, l'épicurisme est par essence écologiste, et il est né il y a plus de 2 000 ans...
En cas de coup de blues éco-anxieux, je crois aussi à l'importance de se recentrer sur le temps présent.
CARPE DIEM
C'est ce que conseillent beaucoup de philosophies. C'est le *carpe diem* des Latins : cueille le jour.
Chaque moment savouré permet de supporter les périodes difficiles. Ce qui ne veut pas dire faire n'importe quoi !
Burps
Car la vie est brève et tu ne connais pas le lendemain. Alors vis !
C'est cela, l'épicurisme : profitons des bons moments !
Scroumpf
Comme manger une part de far au soleil, avec ses amis !
CARPE DIEM !
TCHIN !
Carpe cot !

INVENTIFS ET PUISSANTS :

SEREINS DANS LA TEMPÊTE !

DEUX MOIS PLUS TARD
Regarde, on a reçu le programme du député...
Il a quand même fait un effort sur l'écologie...
VOTEZ DENIS
faut reconnaître...
?!
Tiens, qu'est-ce que vous faites là, vous ?
Toc toc toc
Je suis venu m'excuser...
... pour quand je me suis moqué de l'écologie...
Ah ben c'est pas grave, on a l'habitude...
Nan mais en fait, je fais le malin, mais je suis mort de trouille !
Les infos me font flipper !
Bah, mieux vaut tard que jamais !
J'ai regardé une émission sur la pollution l'autre jour, j'ai pas dormi de la nuit !
J'ai décidé de voter écolo !
J'ai ma carte chez Greenpeace !
Je mange bio et local !
BLA BLA BLA
Quel bavard ! Rien de pire que les repentis-convertis !!

Je suis même sur un site de covoiturage !
Tu vas voir que, bientôt, il va nous reprocher de n'être pas assez radicales !
Bon eh bien, quelle révolution !
Avec tout ça, vous devez vous sentir mieux, non ?
Mais NON ! C'est le contraire !!
Plus j'en fais, plus je prends conscience des problèmes, et plus j'angoisse !!
J'en suis à regretter le temps où j'étais dans le déni !!
Au moins je ne me prenais pas la tête...
Je ne reconnais plus le monde que j'ai connu... Et quant à l'avenir...
Maintenant...
... j'ai PEUR !!!
Bon bah...
Faut retourner voir un psy ?
... vous êtes en pleine crise d'éco-anxiété, vous !!

Mais comment vous faites pour rester souriante en sachant tout ça ?
Oh ben, vous inquiétez pas, ça m'a longtemps stressée !!
Surtout quand personne ne voulait rien savoir et que je me sentais super seule à avoir conscience des problèmes...
Mais bon... Peut-être que si tout le monde flippe vraiment, il va finir par se passer quelque chose...
AHHHHHHH
Quant à rester souriante... Eh bien oui, au fil du temps, avec mes amis, on s'est construit quelques astuces...
Lesquelles ? DITES-MOI !!!
?
Vous savez, c'est un peu à chacun de faire son chemin et de trouver ses solutions...

?. ?.
Déjà, tous vos changements, sur le long terme, ça va vous aider.
?
Même si ça n'empêche pas des rechutes de découragement !
Nous, on a chacun développé notre petite solution.
Cocotte a fondé une association de sauvegarde des vers de terre !
PRÉSIDENTE
Bon, puis on lui a acheté un gros coq...
Et il chante mieux que l'autre !
Moi, pour aller mieux, je me suis replacée à mon échelle individuelle...
Je ne suis qu'une petite poulette bio, je fais du mieux que je peux !
Il faut aussi penser que chaque époque a eu son lot d'angoisses et de menaces : guerres, dictateurs en tout genre, etc.
C'est quand même rare dans l'Histoire, les périodes où les gens étaient confiants et relax !
Notre menace à nous, c'est la crise environnementale. Il faut l'accepter afin de pouvoir lutter.

Moi, ma façon d'aller mieux, ça a été de me dire qu'au fond, c'est pas grave si les humains disparaissent !
Radical, mais si on est si bêtes que ça, tant pis !!
C'est plus facile à dire quand on n'a pas d'enfants, non ?
Il suffit d'avoir un peu d'humour noir !
Mon déclic, ça a été la lecture du livre d'Yves Paccalet *L'Humanité disparaîtra, bon débarras !*
Cet essai a choqué à sa sortie, par son humour noir justement...
...mais moi, ça m'a fait rire.
Ça m'a donné un autre angle de vue !
L'HUMANITÉ DISPARAÎTRA BON DÉBARRAS !
Je suis un humaniste déçu Pas un misanthrope mais un vrai déçu de l'humanité.
Tout pareil. Les humains mangent trop de poulet !
Puis au fond, est-ce si grave ? Peut-être que cette autodestruction fait partie des gènes de notre espèce ?
DINOSAURE
HUMAIN
De toute façon, tout a une fin ! Peut-être faut-il juste l'accepter, et regarder notre espèce s'éteindre ?
Après nous viendront peut-être bien d'autres espèces, plus belles et moins débiles...
Je ne suis pas sûr que ça me remonte le moral, votre analyse !

Moi si ! Je lâche prise, je vis selon mes valeurs et ne me soucie plus des humains !
On n'avait qu'à être moins cons !!!
HUMANITÉ
Moi, je ne crois pas que l'humanité disparaîtra tout de suite, ni qu'elle soit à jeter tout entière à la poubelle ! On peut peut-être réparer nos erreurs...
Ou au moins les atténuer. On ne sauvera plus la planète telle qu'elle est...
... mais on peut essayer d'adoucir la chute et de sauver ce qu'il reste à sauver !
Et moi, ma solution face à l'éco-anxiété, c'est de me protéger. J'apprends à être de plus en plus autonome et écolo dans ma façon de vivre.
Par exemple, comme je vis à la campagne, j'apprends à cultiver un jardin !
Mais je laisse l'anxiété
t le drame, qui ne me servent
rien. Je suis déjà convaincue
de l'importance d'être écolo
et des problèmes...
BOYCOTT JT
STOP TV
STOP INFOS INTERNET
Pas besoin d'écouter toutes les mauvaises nouvelles en boucle !
Je me tiens informée, mais je choisis bien mes médias.
Je cherche plutôt à imaginer un autre futur, avec de nouveaux modèles, des initiatives positives et porteuses !

J'ai découvert l'action collective, et ça m'aide vraiment. Cela permet de rencontrer de nouvelles personnes, d'échanger, de me rendre compte que d'autres réfléchissent aussi de leur côté à ces questions. Quand on se met tous ensemble, cela permet quelquefois des avancées...
Rien de tel que le lien à la terre !
Sinon, seule, je finis par tourner en rond. À plusieurs, je me sens plus forte, moins isolée !
Le manche de cette pelle ferait un beau perchoir...

C'est super ! Après, le collectif, ça convient mieux à certains qu'à d'autres. Moi, par exemple, j'ai beaucoup essayé le collectif, et je trouve qu'au final, ça se perd souvent en petits problèmes internes... Du coup, ça a plutôt tendance à accroître mon éco-anxiété !
Sans doute qu'il faut parfois tester plusieurs endroits avant de trouver le collectif qui nous convient... Assos, politique, média... Selon les gens qu'on y rencontre, ça va plaire ou non...
Il faut des assos et des médias indépendants et libres à 100 %, sans subventions de l'État ou des groupes industriels !
Tu m'as convaincue, je crois que je vais à nouveau chercher un engagement collectif qui me convienne !

Vous êtes bien mignonnes avec votre jardin, mais moi je vis en ville !
Et je m'y sens parfois coincé comme un rat, et asphyxié par la pollution...
C'est sûr qu'à la campagne, on a l'impression d'une relative autonomie...
Mais à l'inverse, on voit davantage la dégradation des milieux naturels au quotidien, et c'est flippant aussi !
Et vous avez un grenier plein de provisions ?
RIZ
FARINE
PÂTES
Comme les vieux qui craignaient la guerre ?
Mais non ! On n'est pas survivalistes !
Ceci dit, certains humains ont toujours eu ce côté écureuil qui amasse ses provisions !
Puis franchement, si c'est juste pour vivre trois semaines de plus que les autres !
MIAM
MIAM
Et si, en prime, tous mes voisins m'attaquent pour me piquer ma bouffe...
Je ne veux pas vivre comme si j'attendais la guerre !!

On prend en compte le fait que ça puisse dégénérer, et on fait la mutation qui nous semble nécessaire...
Et on trouve beaucoup de plaisir à vivre plus écologiquement.
Mais on vit normalement, sans penser à notre bilan carbone en permanence !
De toute façon, je pense sincèrement que ce n'est pas la fin du monde, c'est juste la fin d'une époque...
...et finalement, tant mieux si les choses changent...
Au fond, choisir une vie décroissante, plus sobre, c'est être prêt d'avance pour le jour où ça va devenir obligatoire pour tous...
?
Mieux vaut choisir que subir !
Et hop !

Après, c'est vrai que parfois ça m'arrive d'avoir peur et de me dire : profite de la vie...
Car tu ne sais pas de quoi demain sera fait. Vis intensément, n'aie pas de regrets !
Raoust !
Ze veux rester dans la brouette !
Mais ça, ça ne devrait pas être lié à la crise environnementale.
?
C'est ce que tout être humain devrait se dire dans sa vie, qui passe vite !
Alors *carpe diem*, comme dit le philosophe !
SMACK !
Voilà, *carpe diem* ! Moi, de toute façon, depuis que j'ai un beau et gros coq, je vois la vie en rose !
Elle est folle de ma crête !

Tu as raison, Cocotte ! Ce n'est pas parce que des imbéciles détruisent la planète qu'on va s'arrêter de vivre, d'être amoureux, de rêver, de faire plein de projets !
Carpe diem, quoi.
Moi, mon projet, c'est de planter un verger !
Car un des trucs qui me déstressent le plus en cas de trop-plein de mauvaises nouvelles écologiques, c'est de planter des arbres !
Et si je n'ai pas de place pour des arbres, des plantes font l'affaire.
Je pense que ça me donne un peu l'impression de réparer le mal qu'on fait à la terre.
Quand je plante un arbre, je me dis qu'il sera peut-être là encore longtemps après moi.

Et puis, il faut aussi accepter l'idée d'être à un carrefour.
MARÉE NOIRE
L'originalité de cette crise, jamais vécue par l'humanité jusqu'alors, c'est qu'on a le choix !
Quel chemin l'humanité va-t-elle choisir ? L'autodestruction ou la survie ?
DÉFORESTATION DE FORÊTS PRIMAIRES
ARMES NUCLÉAIRES
Aujourd'hui, il y a plein de lieux dans le monde que les humains ont détruits. Entre les marées noires, les catastrophes nucléaires... On finit par croire que l'homme est forcément un destructeur de l'environnement.
CAPITALISME TOUT-PUISSANT
Mais c'est l'homme moderne, industriel, guerrier et capitaliste, qui a fait les pires horreurs et s'est comporté avec stupidité. Par avidité financière et par folie guerrière, il a été capable de raser des forêts primaires ou de faire péter une bombe nucléaire sur Hiroshima.
Et si son règne se termine, si cette folie prend fin, eh bien tant mieux ! Le monde ne s'en portera que mieux !

Mais on a tendance à oublier qu'il existe aussi plein de formes d'humanité qui vivent depuis la nuit des temps en parfaite harmonie avec la nature ! Des sociétés naturellement écolos, ça existe !
Alors c'est vrai qu'elles ne sont pas dominantes, qu'elles sont rares, qu'elles se sont fait exterminer par les Occidentaux... Mais elles sont aussi porteuses d'espoir. Parce que l'humanité, c'est ça aussi.
Le capitalisme débridé, c'est une invention très récente, c'est rien du tout à l'échelle du temps. L'humanité a très bien vécu sans lui et ses montagnes d'objets en plastique pendant des millénaires, alors on pourrait très bien dégager ça et inventer une société meilleure !
ÇA SUFFIT ! DÉGAGE !
BOURSE

Beaucoup de peuples premiers ont une façon de vivre qui n'abîme pas l'environnement ! Par exemple, sur l'île de North Sentinel, dans l'océan Indien, une petite population humaine vit complètement coupée du monde, depuis 60 000 ans.
ÎLE NORTH SENTINEL
Ils refusent les contacts. Comme c'est une île sans intérêt financier et difficile d'accès, personne ne la convoite, et l'Inde en a interdit l'approche. Eh bien, ces hommes n'ont jamais détruit leur environnement, ils vivent en harmonie avec leur île, sur une surface restreinte, de façon très sobre. Si un jour tout s'effondre, ces hommes-là, eux, sauront vivre dans la nature !
Il ne s'agit pas de vivre comme des Indiens, mais de se rappeler qu'on a le choix. Et chaque individu peut influer à son petit niveau sur le choix final, de toutes ses forces. Individuellement, collectivement, l'humanité doit choisir.

C'est vrai, il y a plein de gens qui seraient d'accord pour changer de modèle de société.
S'il y avait des pistes cyclables partout, on prendrait beaucoup moins la voiture !
Si les objets duraient longtemps et se réparaient, beaucoup ne surconsommeraient plus !
Personne n'est content de subir l'obsolescence programmée !
D'être pris pour un pigeon en tant que consommateur !
D'avaler des pesticides, de respirer un air pollué !
Reconstruisons ensemble une société qui nous redonne le choix...
... qui cesse de ne fonctionner que pour le profit de quelques-uns...
... au détriment des autres et de la planète.
On va avoir du boulot, nous les humains, dans les années qui viennent !
Cot !
Alors comme disait Marc Aurèle il y a plus de deux mille ans : « Que la force me soit donnée de supporter ce qui ne peut être changé et le courage de changer ce qui peut l'être, mais aussi la sagesse de distinguer l'un de l'autre. »
Je les aime bien, moi, les philosophes stoïciens !
Et la force de s'amuser ! Bon, on y va à ce concert d'Izïa ?

« Sous les pavés, la plage, sous le sable, le ciment, S'étend plus loin que l'horizon, J'avance, Sans savoir ce qui m'attend... »
« Mais faut pas que j'désespère, non, il reste des choses à faire... »

« Y a tout qui reste à faire... »
Peut-être que la solution, ce serait de réconcilier les bonnes choses qu'ont pu apporter les Occidentaux avec la sagesse et le bon sens écologique des peuples premiers.
Parce que si on prend le meilleur de chaque civilisation, l'humanité pourrait être super belle !
Finalement, peut-être qu'aujourd'hui la nature ne nous laisse pas le choix : si on veut survivre, on va être contraints de vraiment devenir de meilleurs êtres humains !
« Y a tout qui reste à faire, Y a tout qui reste à faire... »
Et si on relevait le défi ?
FIN

Merci !

REMERCIEMENTS DE L'AUTEURE

Merci pour toutes les discussions au cours de ces dernières années
à tous mes amis naturalistes et écologistes,
collapsologues convaincus ou optimistes mesurés,
partageant chacun à leur façon ces différents questionnements
et qui m'ont souvent éclairée, autour d'un apéro, au détour d'une île
au large du Finistère ou d'un chemin de traverse morbihannais,
par leurs points de vue toujours variés et passionnants sur le thème des
atteintes majeures à la biodiversité. DjuDju, France, Audrey, Martin, Fifou,
Pypiou, Virginie, Stéphane, La Blatoune, Benjamin, Matthieu, les deux Croac's,
et tous les autres... Et bien sûr, merci à ma p'tite filleule Léa !

Un merci particulier à mon collègue d'atelier Nolwen Guégan
pour son aide précieuse, qui a permis que cette BD puisse se finaliser
sereinement malgré les soucis de confinement.

Un grand merci à ma fidèle éditrice, Stéphanie Zweifel,
pour avoir une nouvelle fois accompagné mon travail,
et pour ses conseils toujours judicieux, son énergie et son humour.

Une pensée pour les politiques avec qui j'ai pu avoir par le passé
des conversations parfois énergiques, en espérant que, compte tenu
des dernières nouvelles planétaires, ils auront enfin compris la nécessité
de faire de l'écologie une urgence prioritaire.

Merci enfin à la chanteuse Izïa Higelin, dont le magnifique album *Citadelle*
a accompagné la réalisation de cette bande dessinée
et fait danser Cocotte !

Conception graphique et mise en page :
Mathilde Delattre-Josse
www.mathildedelattrejosse.com
Correction : Sabine Kuentz

ISBN : 978-2-603-02724-0
Dépôt légal : octobre 2020
Photogravure : Les Caméléons, Paris
Achevé d'imprimer en septembre 2020
sur les presses de Pollina en France - 95115